Hardik Modi
Archi Shah
Kartik Sumwala

Implementação de um parque de estacionamento inteligente baseado em IoT usando ESP32 e RFID

AF376637

Hardik Modi
Archi Shah
Kartik Sumwala

Implementação de um parque de estacionamento inteligente baseado em IoT usando ESP32 e RFID

ScienciaScripts

Imprint

Any brand names and product names mentioned in this book are subject to trademark, brand or patent protection and are trademarks or registered trademarks of their respective holders. The use of brand names, product names, common names, trade names, product descriptions etc. even without a particular marking in this work is in no way to be construed to mean that such names may be regarded as unrestricted in respect of trademark and brand protection legislation and could thus be used by anyone.

Cover image: www.ingimage.com

This book is a translation from the original published under ISBN 978-620-7-64044-7.

Publisher:
Sciencia Scripts
is a trademark of
Dodo Books Indian Ocean Ltd. and OmniScriptum S.R.L publishing group

120 High Road, East Finchley, London, N2 9ED, United Kingdom
Str. Armeneasca 28/1, office 1, Chisinau MD-2012, Republic of Moldova, Europe
Printed at: see last page
ISBN: 978-620-7-62464-5

Copyright © Hardik Modi, Archi Shah, Kartik Sumwala
Copyright © 2024 Dodo Books Indian Ocean Ltd. and OmniScriptum S.R.L publishing group

Implementação de um parque de estacionamento inteligente baseado na IoT utilizando ESP32 e RFID

Hardik Modi, Archi Shah, Kartik Sumwala

Departamento de Engenharia Eletrónica e de Comunicações,

Instituto de Tecnologia Chandubhai S Patel,

Universidade de Ciência e Tecnologia de Charotar, Changa - 388421, Gujarat, Índia.

Resumo: Em resposta ao problema crescente da escassez de lugares de estacionamento nas zonas urbanas, é proposto um sistema de estacionamento automatizado baseado em microcontroladores. Este sistema emprega a tecnologia RFID para uma entrada segura e liquidação de taxas, ao mesmo tempo que gere eficazmente a atribuição de estacionamento através de um ecrã LCD e de um módulo I2C. Adicionalmente, é apresentado um estudo sobre a comunicação passiva RFID tag-a-tag, com ênfase na eficiência energética e nas melhorias operacionais. Além disso, é realizada uma análise abrangente de vários sistemas de estacionamento inteligente, avaliando os seus aspectos tecnológicos, adequação ambiental e interfaces de utilizador para facilitar a tomada de decisões informadas por parte de investigadores, projectistas e decisores políticos na abordagem dos desafios do estacionamento urbano.

Palavras-chave: IOT, MPU, MCU, SDA, SCA, UID, API, Baas, HTTP, EV, SPS, SDKs, Firestore, ESP32, RFID, I2C

1.   INTRODUÇÃO À IOT

DEFINIÇÃO E EVOLUÇÃO

A forma como nos ligamos ao que nos rodeia está a ser revolucionada pela Internet das Coisas (IoT), uma tecnologia que está a transformar os mundos físico e digital. A IoT, que começou por ser descrita como uma forma de ligar os mundos digital e físico, evoluiu para um paradigma em que diferentes itens são infundidos com capacidades de ligação em rede e informáticas, permitindo-lhes interagir, trocar dados e tomar decisões inteligentes. O advento da conetividade levou à criação de uma rede maciça capaz de colaborar para concluir eficientemente tarefas complicadas, ligando dispositivos e aparelhos comuns.

A Internet tornou-se cada vez mais omnipresente, afectando quase todos os aspectos da vida moderna, o que impulsionou o desenvolvimento da IoT. A Internet das Coisas (IoT) conseguiu penetrar numa vasta gama de indústrias e sectores, incluindo segurança pública, conservação de energia, agricultura, casas e cidades inteligentes, indústrias inteligentes e muito mais, graças à sua conetividade generalizada. O ecossistema da Internet das Coisas (IoT) expandiu-se para incluir uma gama diversificada de aplicações, todas elas utilizando a inteligência e a ligação de dispositivos IoT para melhorar a produtividade, a conveniência e a eficiência.

A incorporação de sensores, actuadores, processadores e transceptores em objectos comuns para lhes permitir interagir com o seu ambiente e comunicar entre si através de redes é uma das ideias centrais da Internet das Coisas. Os actuadores fazem alterações no ambiente com base nos dados que os sensores fornecem sobre o estado do objeto, e os sensores são essenciais para recolher esses dados. Os dados recolhidos são analisados de forma inteligente para produzir informações perspicazes que promovem a automatização do trabalho e a tomada de decisões bem informadas.

A IoT não é uma tecnologia única, mas sim o resultado da junção de várias tecnologias para formar um ecossistema coeso em rede. Nas redes da Internet das Coisas, as tecnologias de comunicação sem fios são essenciais para permitir a comunicação entre dispositivos geograficamente separados. A implementação de protocolos normalizados garante uma comunicação fiável e segura, facilitando o bom funcionamento de diversos dispositivos e serviços. A arquitetura IoT dá prioridade à interoperabilidade, à escalabilidade e à segurança, de modo a acomodar as diferentes necessidades e limitações dos dispositivos IoT.

A IoT está a encontrar utilizações numa variedade de indústrias à medida que se desenvolve, como a saúde, a educação, o entretenimento, a poupança de energia, a monitorização ambiental e os sistemas de transporte. As indústrias têm assistido a uma transformação graças à capacidade dos dispositivos IoT para recolher, analisar e atuar sobre os dados. Isto tornou possível a prestação de serviços personalizados, a manutenção preditiva e o aumento da eficiência. A Internet das Coisas mudou a civilização e deu início a uma nova era de conetividade, inteligência e invenção. Esta tem sido uma caraterística determinante do seu progresso. [1]-[30]

BASE TECNOLÓGICA

A Internet das Coisas (IoT) baseia-se num conjunto de fundamentos tecnológicos que permitem que os sistemas digitais e os objectos físicos se liguem sem problemas. Estes componentes são integrados. Sensores, actuadores, CPUs e transceptores estão todos incluídos nos dispositivos da Internet das Coisas, que em conjunto criam uma rede complexa que facilita a recolha de dados, a sua interpretação e a tomada de decisões sensatas. Estes componentes tecnológicos são essenciais para determinar o bom funcionamento e o poder dos ecossistemas IoT.

Actuadores e sensores:

Os sensores são partes essenciais dos dispositivos da Internet das Coisas; recolhem informações sobre as condições internas e externas do dispositivo. Dentro da rede IoT, estes sensores fornecem dados perspicazes que influenciam os processos de tomada de decisão. Por outro lado, os actuadores são máquinas que utilizam a informação recolhida pelos sensores para alterar o mundo físico. São essenciais na conversão de comandos digitais em acções tangíveis que permitem aos dispositivos da Internet das Coisas (IoT) comunicar com o seu ambiente e controlá-lo.

Processamento e armazenamento de dados:

Para fornecer informações perspicazes e ajudar na tomada de decisões, os dados recolhidos pelos sensores devem ser cuidadosamente analisados e guardados. Os dispositivos IoT são frequentemente limitados por factores como o tamanho, a eficiência energética e a capacidade de processamento, o que resulta numa capacidade limitada de armazenamento e processamento. Consequentemente, o processamento de dados pode ter lugar em servidores distantes ou na extremidade da rede, consoante as exigências da aplicação. Para extrair informações significativas das enormes quantidades de dados criadas pelos dispositivos da Internet das Coisas, é necessário um processamento de dados eficiente.

Tecnologias da comunicação:

A base das redes da Internet das Coisas é constituída por tecnologias de comunicação sem fios, que permitem que os dispositivos espalhados geograficamente sejam ligados sem problemas. Os dispositivos IoT podem comunicar de forma segura e fiável graças a protocolos normalizados, que também facilitam a troca eficaz de dados. As elevadas taxas de distorção e a falta de fiabilidade são problemas comuns nos canais sem fios utilizados nas redes da Internet das Coisas, o que realça a importância de métodos de comunicação fiáveis para manter a integridade da transmissão de dados.

Middleware e normalização:

Para ligar e gerir eficazmente componentes heterogéneos, os ecossistemas da Internet das Coisas necessitam de soluções de middleware sólidas. Para garantir a interoperabilidade entre os vários dispositivos e serviços da rede IoT, a normalização é essencial. Os dispositivos IoT podem ligar-se facilmente seguindo protocolos e interfaces definidos, o que facilita a partilha de dados na rede[4].

DESAFIOS E SOLUÇÕES

Devido à complexidade dos dispositivos ligados em rede, às questões de gestão de dados, às preocupações com a segurança e à necessidade de uma comunicação fluida entre muitas redes, a Internet das Coisas (IoT) apresenta um conjunto distinto de obstáculos. Para utilizar plenamente a IoT e garantir a sua adoção com êxito numa série de empresas, é imperativo abordar estas questões.

Desafios da IoT:

Gestão e tratamento de dados:

O armazenamento, o processamento e a análise das enormes quantidades de dados criados pelos dispositivos IoT apresentam dificuldades. O processamento e a análise de grandes quantidades de dados em tempo real são necessários para extrair informações que possam ser utilizadas.

Segurança e privacidade:

É crucial proteger a segurança e a privacidade dos dados transferidos através das redes da Internet das coisas. Os actores maliciosos podem tirar partido das vulnerabilidades dos dispositivos da Internet das Coisas para comprometer a privacidade e expor informações confidenciais.

Interoperabilidade e normalização:

A comunicação harmoniosa entre vários dispositivos e plataformas da IdC é dificultada pela ausência de protocolos estabelecidos e de interoperabilidade. A escalabilidade e a eficácia das redes da Internet das coisas podem ser prejudicadas por problemas de compatibilidade entre dispositivos de diferentes fabricantes.

Escalabilidade e fiabilidade:

Pode ser difícil expandir as redes IoT para lidar com um número crescente de dispositivos, preservando simultaneamente o desempenho e a fiabilidade. É essencial garantir uma comunicação e uma transferência de dados fiáveis entre numerosos dispositivos dispersos por enormes regiões geográficas.

Consumo de energia e duração da bateria:

Como os dispositivos da Internet das Coisas funcionam frequentemente com fontes de alimentação limitadas, pode ser difícil maximizar a eficiência energética e prolongar a vida útil da bateria. A vida útil e a fiabilidade dos dispositivos IoT dependem de técnicas eficazes de gestão da energia[4] [6].

Soluções IoT:

Análise avançada de dados:

Para processar e analisar eficazmente grandes quantidades de dados IoT, podem ser postas em prática técnicas avançadas de análise de dados, como a aprendizagem automática e a inteligência artificial. A manutenção proactiva e a tomada de decisões com base em informações em tempo real são possíveis graças à análise preditiva.

Medidas de segurança reforçadas:

É possível tornar as redes IoT mais seguras através da implementação de protocolos de encriptação fortes, sistemas de autenticação e controlos de acesso. A atenuação dos riscos de segurança exige auditorias de segurança regulares, actualizações de firmware e sistemas de deteção de intrusões.

Esforços de normalização:

 Para aumentar a interoperabilidade e a compatibilidade dos dispositivos IoT, os intervenientes do sector devem trabalhar em conjunto para desenvolver normas e protocolos comuns. Os processos de integração e implantação podem ser simplificados seguindo as normas aceites e as melhores práticas no desenvolvimento da IoT.

Infraestrutura de rede optimizada:

Pode melhorar a escalabilidade e a fiabilidade das redes da Internet das Coisas fazendo investimentos em infra-estruturas de rede escaláveis, capacidades de computação periférica e serviços de nuvem. Para garantir a conetividade e a transferência de dados constantes, podem ser adoptadas medidas de redundância e procedimentos de failover.

Conceção eficiente em termos energéticos:

A redução do consumo de energia pode ser conseguida através da conceção de dispositivos da Internet das Coisas utilizando protocolos de comunicação de baixo consumo, componentes eficientes em termos energéticos e algoritmos optimizados. A duração da bateria dos dispositivos IoT pode ser aumentada pondo em prática tecnologias de recolha de energia, estratégias de gestão de energia e modos de suspensão[6].

2.   SISTEMA DE ESTACIONAMENTO INTELIGENTE

INTRODUÇÃO

O módulo ESP32 e o sistema de estacionamento inteligente RFID oferecem uma solução de vanguarda para os desafios do estacionamento urbano. Ao integrar a tecnologia RFID, este sistema permite um acesso seguro e uma liquidação de taxas simplificada, enquanto a monitorização em tempo real da disponibilidade de lugares de estacionamento é facilitada pelo microcontrolador ESP32. Com o objetivo de transformar a gestão do estacionamento, o sistema optimiza a utilização do espaço, reforça o controlo de acesso e simplifica os procedimentos de entrada e saída através da integração perfeita destas tecnologias.

O congestionamento do estacionamento nas áreas urbanas tornou-se um problema premente devido à proliferação de veículos impulsionada pela rápida urbanização. Os sistemas tradicionais de gestão de estacionamento, que se baseiam em sensores físicos e na monitorização manual, estão mal equipados para responder à crescente procura de lugares de estacionamento. Como resultado, os condutores perdem tempo à procura de estacionamento, o que leva ao aumento do congestionamento do tráfego e à frustração dos habitantes da cidade e dos visitantes.

Para combater estes desafios, surgiram soluções inovadoras, como os sistemas de estacionamento inteligentes. Esses sistemas utilizam tecnologias avançadas para aprimorar a gestão de estacionamento e melhorar a experiência geral de estacionamento. Ao combinar a tecnologia RFID com os microcontroladores ESP32, os sistemas de estacionamento inteligente oferecem uma alternativa escalável e económica às infra-estruturas de estacionamento convencionais.

A tecnologia RFID é a pedra angular dos sistemas de estacionamento inteligentes, permitindo a identificação e o rastreamento de veículos sem a necessidade de sensores físicos nos espaços de estacionamento. Os scanners RFID nos pontos de entrada e saída detectam, sem fios, informações de identificação únicas armazenadas em etiquetas colocadas nos veículos, aumentando a acessibilidade e a escalabilidade e reduzindo a complexidade e os custos.

Os microcontroladores ESP32 desempenham um papel vital nos sistemas de estacionamento inteligente, servindo como unidade de processamento central para calcular algoritmos de gestão de estacionamento e receber dados RFID. Com o seu baixo consumo de energia, elevada capacidade de computação e conetividade Bluetooth e Wi-Fi integrada, os microcontroladores ESP32 facilitam o processamento e a comunicação de dados em tempo real, permitindo uma integração perfeita com outros dispositivos IoT e projectos de cidades inteligentes.

Ao integrar a tecnologia RFID com microcontroladores ESP32, os sistemas de estacionamento inteligente oferecem inúmeros benefícios, incluindo maior eficiência, escalabilidade e experiência do utilizador. A monitorização em tempo real, a acessibilidade e a conetividade perfeita com o ecossistema IoT mais alargado são características fundamentais que distinguem estes sistemas e os posicionam como uma referência para soluções de estacionamento urbano na era das cidades inteligentes e da inovação tecnológica.[1]-[30]

3. COMPONENTES

3.1   Especificações do ESP32

O ESP32 é um sistema num chip (SoC) altamente versátil concebido pela Espressif Systems, conhecido pela sua integração de várias funcionalidades essenciais para aplicações da Internet das Coisas (IoT). Entre os seus principais atributos encontram-se:

1. Wi-Fi (banda de 2,4 GHz): O ESP32 incorpora capacidades Wi-Fi, permitindo que os dispositivos se liguem a redes sem fios, facilitando a transferência de dados e permitindo o acesso e controlo remotos.

2. Bluetooth: Inclui a funcionalidade Bluetooth, permitindo uma comunicação perfeita com outros dispositivos com Bluetooth, facilitando a troca de dados e permitindo características como a transmissão de áudio sem fios ou o emparelhamento de dispositivos.

3. Dois núcleos de CPU Xtensa® LX6 de 32 bits de alto desempenho: Esta arquitetura proporciona uma capacidade de processamento robusta adequada para lidar com tarefas complexas e executar vários processos em simultâneo, melhorando o desempenho geral dos dispositivos IoT.

4. Co-processador de ultra baixo consumo: O ESP32 integra um co-processador dedicado de baixo consumo de energia, que permite uma gestão eficiente da energia e prolonga a vida útil da bateria, crucial para os dispositivos IoT destinados a um funcionamento a longo prazo com a energia da bateria.

5. Múltiplos periféricos: Possui várias interfaces periféricas, como SPI,

I2C, UART e outras, permitindo a conetividade com uma vasta gama de sensores, actuadores e dispositivos externos, expandindo as capacidades das aplicações IoT.

O ESP32, construído com tecnologia de 40 nm, oferece um design compacto, mantendo a eficiência, o desempenho e a fiabilidade. Serve como uma plataforma abrangente para o desenvolvimento de soluções IoT que requerem uma utilização eficiente da energia, um design compacto, uma segurança robusta, um elevado desempenho e fiabilidade.

A Espressif fornece recursos abrangentes de hardware e software para apoiar os programadores no aproveitamento das capacidades da série ESP32. A sua estrutura de desenvolvimento de software foi concebida especificamente para o desenvolvimento de aplicações IoT, abrangendo características como a conetividade Wi-Fi e Bluetooth, gestão de energia, protocolos de segurança e várias funcionalidades ao nível do sistema.

Globalmente, o ESP32 representa uma solução versátil e poderosa para uma vasta gama de aplicações IoT, oferecendo aos programadores as ferramentas e os recursos necessários para concretizar eficazmente as suas ideias inovadoras.

A imagem abaixo é de um MÓDULO DEVKIT ESP32 com a descrição dos pinos

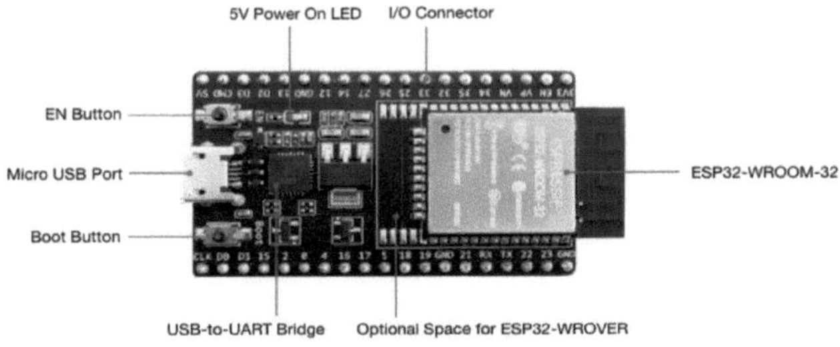

Figura 3.1 Hardware do ES32

A figura 3.1 acima mostra um componente crucial no ecossistema ESP32, servindo como um módulo que aloja o chip ESP32 no seu núcleo. Segue-se uma descrição pormenorizada das suas principais características:

1. ESP32-WROOM-32: Este módulo encapsula o chip ESP32, que é o coração do sistema. Funciona como a principal unidade de processamento responsável pela execução de tarefas, gestão da conetividade e interface com vários periféricos.

2. EN (Botão de reinicialização): Este botão, identificado como EN, actua como um botão de reinicialização para o módulo. Premir este botão reinicia o módulo, permitindo a reinicialização ou a resolução de problemas, se necessário.

3. Boot (botão de download): O botão Boot, quando mantido premido em simultâneo com a pressão de EN, inicia o modo de transferência de firmware. Este modo permite que o módulo receba actualizações de firmware ou novas configurações de software através da porta série.

4. Ponte USB para UART: Um único chip de ponte USB-UART está integrado no módulo, proporcionando taxas de transferência de dados eficientes de até 3 Mbps. Esta ponte facilita a comunicação entre o módulo e dispositivos externos, como computadores, para programação ou troca de dados.

5. Porta micro USB: A porta micro USB serve de interface para a conetividade USB. Tem uma dupla finalidade, fornecendo alimentação eléctrica ao módulo e estabelecendo a comunicação entre um computador e o módulo ESP32-WROOM-32. Esta porta é essencial para a programação do módulo e a transferência de dados.

6. LED de ligação de 5V: Um LED indicador que se acende quando a porta USB ou uma fonte de alimentação externa de 5V está ligada à placa. Este LED fornece uma confirmação visual da conetividade de alimentação, assegurando o funcionamento correto do módulo.

7. Pinos de E/S: O módulo ESP32-WROOM-32 possui cabeçalhos de pinos que separam a maioria dos pinos disponíveis no chip ESP32. Esses pinos podem ser programados para ativar várias funções, como modulação de largura de pulso (PWM), conversão analógico-digital (ADC), conversão digital-analógica (DAC), circuito integrado (I2C), som inter-IC (I2S), interface periférica serial (SPI) e muito mais. Esta flexibilidade permite que os programadores estabeleçam a interface do módulo com uma vasta gama de sensores, actuadores e dispositivos externos, expandindo as capacidades das suas aplicações IoT[9].

Introdução ao Arduino

● Verifique se o Arduino IDE está instalado no seu computador utilizando a versão mais recente. Está disponível para transferência em arduino.cc/en/Main/Software. O objetivo desta fase é garantir que possui o ambiente de software adequado para lidar com as placas Arduino.

● Para acessar as Preferências, abra o IDE Arduino e selecione Arquivo. Localize o campo "URLs adicionais do gerenciador de placas" na janela Preferências.

● Introduza https://raw.githubusercontent.com/espressif/arduino-esp32/ghpages/package_esp32_index.json como o URL a colar neste campo. Ao concluir este passo, pode programar placas ESP32 diretamente a partir do IDE Arduino, adicionando o pacote de placas ESP32 ao IDE.

● Continue a iniciar o IDE Arduino e seleccione Ferramentas > Placa > Gestor de placas. Deste modo, pode procurar e instalar pacotes de placas para várias plataformas de microcontroladores utilizando o Gestor de placas.

● Utilize o USB para ligar a sua placa ESP32 ao seu PC. Aceda a Tools > Board (Ferramentas > Placa) no IDE Arduino e escolha o modelo da sua placa ESP32 (por exemplo, DOIT ESP32 DEVKIT V1).

● Em seguida, escolha a porta COM à qual a sua placa ESP32 está ligada, indo a Tools > Port.

- Vá para Ficheiro > Exemplos > WiFi (ESP32) > WiFiScan para ver o esboço de amostra WiFiScan.

- Para compilar e carregar o esboço para a placa ESP32, clique no botão Upload (o ícone com a seta virada para a direita). Aguarde a conclusão do processo de carregamento. Se tudo correr bem, deve receber uma mensagem "Done uploading" (Carregamento concluído).

- Se a placa ESP32 tiver um botão Ativar, prima-o para começar a procurar redes WiFi.

Resolução de problemas

- Ao fazer o upload, se encontrar problemas como "Failed to connect to ESP32: Timed out", isso pode significar que o ESP32 não está no modo correto de flashing ou de upload.

- Certifique-se de que escolheu a placa correcta e a porta COM no Arduino IDE para resolver este problema.

- Mantenha o botão "BOOT" da placa ESP32 premido.
 Para iniciar o processo de carregamento, clique no botão Upload no IDE do Arduino.
 Mantenha premido o botão "BOOT" até o IDE Arduino apresentar a mensagem "Connecting..." (Ligar...). Quando vir a mensagem "Connecting...", solte o botão "BOOT".
 A notificação "Done uploading" (Carregamento concluído) deve aparecer quando o carregamento for bem-sucedido.

RFID

O módulo RC522 RFID Reader é parte integrante do sistema que permite a comunicação com tags RFID que funcionam a 13,56 MHz, de acordo com a norma ISO 14443A. O seu principal objetivo é gerar um campo eletromagnético que lhe permita comunicar com as etiquetas RFID próximas. Este módulo oferece uma vasta gama de opções de comunicação, como o suporte para os protocolos I2C e UART e uma interface periférica série (SPI) de 4 pinos com uma taxa de dados máxima de 10 Mbps. Devido a esta versatilidade, é garantida a compatibilidade com uma variedade de plataformas de microcontroladores, dando aos programadores a opção de selecionar a melhor interface de comunicação para as suas necessidades.

O módulo RC522 destaca-se por ter um pino de interrupção incluído, o que ajuda a acelerar os procedimentos de deteção de etiquetas RFID. O pino de interrupção permite que o módulo notifique o microcontrolador quando uma etiqueta entra no seu alcance de deteção, poupando recursos do sistema e melhorando a eficiência geral, em vez de sondar continuamente o módulo quanto à presença de etiquetas. Além disso, as portas lógicas tolerantes a 5 volts do módulo e a gama de tensões de trabalho de 2,5 a 3,3 volts facilitam a integração com microcontroladores que funcionam a 5 volts, como o Arduino ou outras plataformas, e eliminam a necessidade de circuitos de conversão de nível lógico adicionais. É uma opção fiável para muitas aplicações baseadas em RFID, desde a gestão de inventário a sistemas de controlo de acesso, entre outros, graças ao seu vasto conjunto de funcionalidades e interoperabilidade. [26]

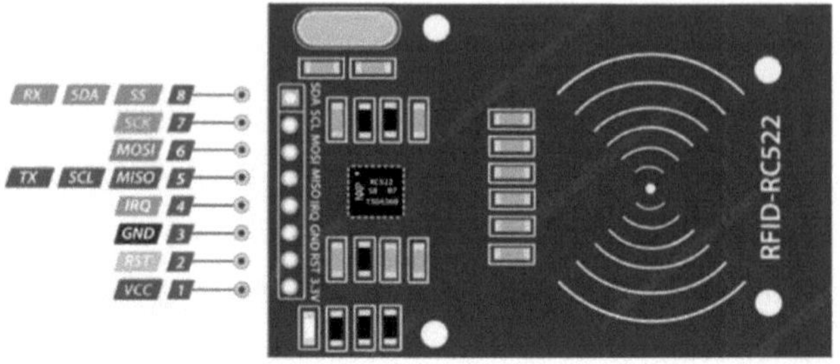

Figura 3.14 PIN OUT do leitor RFID

As etiquetas dos pinos são claramente visíveis na figura 3.14 e cada um dos pinos é discutido resumidamente a seguir

Pinagem

VCC: Este pino fornece energia ao módulo; o intervalo de tensão habitual é de 2,5 a 3,3 volts. Pode ser ligado à saída de 3,3 V do Arduino ou a qualquer outra fonte de alimentação adequada que funcione dentro do intervalo de tensão indicado.

RST: Este pino regula os estados de reinicialização e de desativação do módulo, actuando como uma entrada para as funcionalidades de reinicialização e de desativação. Quando colocado em baixo, inicia uma desativação forçada, removendo os dissipadores de corrente internos e reiniciando o módulo em resposta a um sinal de borda ascendente.

GND: A ligação à terra, ou pino, fornece a tensão de referência de funcionamento para o módulo. Deve ser ligado ao terminal de terra da fonte de alimentação ou ao pino GND do Arduino.

IRQ: Quando uma etiqueta RFID é identificada nas proximidades, o módulo pode alertar o microcontrolador utilizando o pino de interrupção. Esta funcionalidade permite que o microcontrolador reaja rapidamente a eventos de deteção de etiquetas, o que maximiza a eficiência do sistema.

MISO / SCL / Tx: Este pino tem muitos usos, dependendo da interface (SPI, I2C ou UART) escolhida. Funciona como o relógio de série no modo I2C, a saída de dados de série no modo UART e o Master-In-Slave-Out no modo SPI.

MOSI: Este pino funciona como Master out Slave in (MASI) da interface SPI, o que facilita o envio de dados do microcontrolador para o módulo RC522.

SCK: Também designado por Serial Clock, este pino é utilizado para sincronizar a transferência de dados entre o módulo RC522 e o bus master SPI, recebendo impulsos de relógio deste último, que são normalmente produzidos pelo microcontrolador

SS / SDA / Rx: A funcionalidade deste pino depende da interface especificada, tal como o pino MISO. Funciona como entrada de sinal no modo SPI, como linha de dados série no modo I2C e como entrada de dados série no modo UART. Para facilitar a sua identificação, o pino é frequentemente distinguido por estar rodeado por um quadrado. [26]

UIDs de leitura

```cpp
#include <SPI.h>
#include <MFRC522.h>

#define SS_PIN  5  // ESP32 pin GPIO5
#define RST_PIN 27 // ESP32 pin GPIO27

MFRC522 rfid(SS_PIN, RST_PIN);

void setup() {
  Serial.begin(115200);
  SPI.begin(); // init SPI bus
  rfid.PCD_Init(); // init MFRC522

  Serial.println("Tap an RFID/NFC tag on the RFID-RC522 reader");
}

void loop() {
  if (rfid.PICC_IsNewCardPresent()) { // new tag is available
    if (rfid.PICC_ReadCardSerial()) { // NUID has been readed
      MFRC522::PICC_Type piccType = rfid.PICC_GetType(rfid.uid.sak);
      Serial.print("RFID/NFC Tag Type: ");
      Serial.println(rfid.PICC_GetTypeName(piccType));

      // print UID in Serial Monitor in the hex format
      Serial.print("UID:");
      for (int i = 0; i < rfid.uid.size; i++) {
        Serial.print(rfid.uid.uidByte[i] < 0x10 ? " 0" : " ");
        Serial.print(rfid.uid.uidByte[i], HEX);
      }
      Serial.println();

      rfid.PICC_HaltA(); // halt PICC
      rfid.PCD_StopCrypto1(); // stop encryption on PCD
    }
  }
}
```

Figura 3.15 Código de leitura RFID

A figura 3.15 mostra claramente a imagem da interface do Arduino com o código de leitura. Inicialmente, estão presentes as bibliotecas necessárias para a ligação SPI e a interface do módulo leitor RFID MFRC522. O código identifica o pino Slave Select (SS_PIN) e o pino Reset (RST_PIN) como os pinos GPIO que são utilizados para a comunicação com o módulo MFRC522. De seguida, utilizando estas definições de pinos

Para efeitos de depuração, a comunicação em série é iniciada com uma velocidade de transmissão de 115200 na função setup (). O módulo de leitura RFID MFRC522 é inicializado quando a ligação SPI é iniciada. É pedido ao utilizador que toque numa etiqueta RFID/NFC no leitor através de uma mensagem impressa no Monitor de série.

A função PICC_IsNewCardPresent() é utilizada pela função loop() para determinar continuamente se está presente uma nova etiqueta RFID. Quando é encontrada uma nova etiqueta, o método PICC_ReadCardSerial() é utilizado para obter o número de série da etiqueta (NUID). Imprime o tipo de etiqueta RFID/NFC no monitor de série depois de o determinar. Em seguida, o UID (identificador único) da etiqueta é impresso no monitor de série em formato hexadecimal. Por último, termina a encriptação e a comunicação do PCD (Proximity Coupling Device - dispositivo de acoplamento de proximidade) com a etiqueta

.

Este é um passo crucial na utilização da tecnologia RFID, uma vez que é necessário conhecer os UIDs das etiquetas e cartões que o utilizador está a utilizar para os integrar na futura utilização do módulo RFID com vários microcontroladores

MÓDULO I2C

Devido ao número reduzido de pinos disponíveis, controlar um ecrã LCD diretamente a partir de um microcontrolador ou CPU pode ser difícil, particularmente em contextos com recursos limitados. Mas esta operação é muito mais fácil com a utilização de adaptadores de série para paralelo, como o módulo adaptador de interface série I2C com o chip PCF8574. Ao trabalhar com dispositivos que têm pinos GPIO restritos, estes adaptadores reduzem o número de pinos necessários para dois, actuando como uma interface entre o painel LCD e o microcontrolador.

Ao utilizar o chip PCF8574, o módulo adaptador de interface série I2C funciona como um canal entre o microcontrolador e o ecrã LCD. Utiliza o protocolo I2C (Inter-Integrated Circuit), um padrão de comunicação em série muito apreciado, conhecido pela sua eficácia e simplicidade, para estabelecer a ligação com o microcontrolador. O módulo adaptador reduz eficazmente o consumo de pinos no microcontrolador, utilizando apenas dois pinos (SDA e SCL) para a comunicação, libertando recursos importantes para outras tarefas ou periféricos.

O módulo adaptador de interface série fornece as saídas de sinal necessárias para operar o ecrã quando este está ligado a um painel LCD 16x2. O microcontrolador e o chip PCF8574, que por sua vez controla o ecrã LCD, podem comunicar entre si mais facilmente graças aos pinos SDA (Serial Data) e SCL (Serial Clock). Com esta configuração, o ecrã LCD pode ser facilmente integrado num sistema maior sem adicionar pinos extra para comunicação ou sobrecarregar o microcontrolador com uma lógica de controlo complexa.

O módulo adaptador de interface série I2C equipado com o chip PCF8574 é um dispositivo versátil que pode ser utilizado para mais do que apenas painéis LCD. O seu protocolo I2C permite-lhe comunicar com uma vasta gama de diferentes dispositivos e periféricos. É a opção perfeita para aplicações como sistemas incorporados, dispositivos da Internet das Coisas e eletrónica portátil quando os recursos de pinos e o espaço são limitados devido ao seu formato pequeno. Os programadores podem concentrar-se na lógica de aplicação de nível superior, transferindo as tarefas de controlo do LCD para o módulo adaptador. Isto simplifica o processo de desenvolvimento e melhora o desempenho geral do sistema.

Abaixo está uma imagem de hardware do módulo I2C

Figura 3.16 Hardware do módulo I2C

As etiquetas dos pinos são claramente visíveis na figura 3.16 e cada um dos pinos é discutido resumidamente a seguir

Pinagem

O Módulo Adaptador de Interface Série I2C inclui vários pinos integrados concebidos para comunicação com a MCU/MPU utilizando o protocolo I2C. Cada pino tem um nome, tipo e função específicos, conforme descrito abaixo:

GND (Terra):

Tipo: Potência

Descrição: Este pino actua como ligação à terra, fornecendo uma tensão de referência para o funcionamento do módulo. Deve ser ligado ao terminal de terra do sistema.

VCC (Entrada de tensão):

Tipo: Potência

Descrição: O pino VCC fornece tensão ao módulo, normalmente 5V DC. Pode ser alimentado a partir da MCU/MPU ou de uma fonte externa.

SDA (Dados de série):

Tipo: Dados I2C

Descrição: SDA facilita a transferência bidirecional de dados entre o módulo e a MCU/MPU através do bus I2C.

SCL (Relógio de série):

Tipo: Relógio I2C

Descrição: O SCL sincroniza a transmissão de dados entre o módulo e a MCU/MPU, fornecendo informações de temporização para o protocolo de comunicação I2C.

A0, A1, A2 (Seleção de endereço I2C):

Tipo: Jumper

Descrição: Estes pinos configuram o endereço I2C do módulo. Ao ajustar os jumpers, o endereço pode ser definido para um de vários valores predefinidos, permitindo vários módulos no mesmo barramento sem conflitos.

Controlo da retroiluminação:

Tipo: Jumper

Descrição: Este pino ajusta o brilho da luz de fundo ou liga-a/desliga-a para o painel LCD ligado, oferecendo flexibilidade de acordo com os requisitos da aplicação. [22]

LCD

LCD é uma abreviatura de ecrã de cristais líquidos. Este tipo específico de módulo de visualização eletrónica é utilizado numa vasta gama de circuitos e aparelhos, incluindo televisores, computadores, calculadoras, telemóveis e muito mais. Os sete segmentos e os díodos emissores de luz multi-segmentos são as principais aplicações para estes ecrãs. As principais vantagens da utilização deste módulo são o seu baixo custo, a facilidade de programação, as animações e as opções de visualização ilimitadas para caracteres únicos, efeitos especiais e animações, entre outras coisas.

Abaixo está um diagrama de pinos do Módulo LCD 16X2

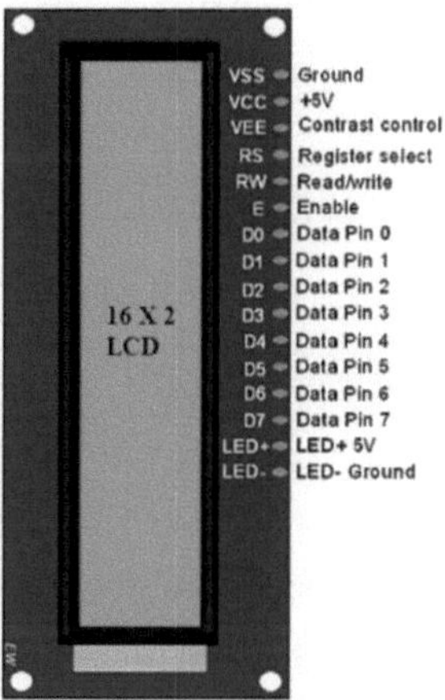

Figura 3.17 Diagrama PIN OUT do LCD (16x2)

As etiquetas dos pinos são claramente visíveis na figura 3.14 e cada um dos pinos é discutido resumidamente a seguir

Pinagem

O pino1, ou "Pino terra/fonte", é um pino GND no ecrã que é utilizado para ligar a fonte de alimentação ou o terminal GND da unidade de microcontrolador.

Pino 2 (VCC/Pino da fonte): Este pino liga a alimentação da fonte de alimentação à alimentação de tensão do ecrã.

Pino 3 (V0/VEE/Pino de controlo): Este pino é utilizado para ligar um POT variável que pode fornecer 0 a 5V e regula a diferença do ecrã.

Pino 4 (Pino de controlo/seleção de registo): Este pino liga-se a um pino da unidade do microcontrolador e alterna entre os registos de comando e de dados, produzindo um valor de 0 ou 1 (sendo 0 o modo de dados e 1 o modo de comando).

Pino 5 (Pino de leitura/escrita/controlo): Este pino está ligado a um pino da unidade do microcontrolador para receber 0 ou 1 (0 = operação de escrita e 1 = operação de leitura). Alterna o ecrã entre as operações de leitura e escrita.

Pino 6: Pino de ativação/controlo: Este pino está ligado à unidade de microcontrolador e é mantido sempre alto para realizar o procedimento de   leitura/escrita.
Os pinos de dados, pinos 7-14, são utilizados para transmitir dados para o ecrã. Os modos de dois fios, como o modo de 4 fios e o modo de 8 fios, são utilizados para ligar estes pinos. Apenas quatro pinos, tais

como 0 a 3, são ligados à unidade do microcontrolador no modo de 4 fios; em contrapartida, oito pinos, tais como 0 a 7, são ligados à unidade do microcontrolador no modo de 8 fios.

Pino15 (pino +ve do LED): Este pino está ligado a +5V
Pino 16 (pino -ve do LED): Este pino está ligado ao GND.

Algumas das vantagens do dispositivo LCD incluem o seu baixo consumo de energia e custo. Devido a estas qualidades, é uma opção desejável para uma série de aplicações em que o custo e a eficiência energética são factores cruciais. No entanto, existem também algumas desvantagens significativas na tecnologia LCD. A sua pegada física comparativamente grande é uma desvantagem, o que pode torná-la menos adequada para locais com espaço limitado. Os LCDs também respondem frequentemente de forma mais lenta do que outras tecnologias de visualização, o que pode afetar o seu funcionamento em aplicações que necessitem de uma apresentação rápida de dados ou de taxas de atualização rápidas. Além disso, a exposição prolongada a corrente contínua pode encurtar o tempo de vida dos LCD e causar degeneração ou avaria precoce ao longo do tempo. [23]

4.   BAAS

INTRODUÇÃO

O modelo de serviço de nuvem Backend-as-a-Service (BaaS) terceiriza a manutenção da infraestrutura de backend para fornecedores externos, simplificando assim a criação de aplicações. Com o BaaS, os programadores podem concentrar-se apenas na criação e gestão do código de front-end para as suas aplicações móveis ou Web; todo o trabalho de back-end é tratado pelo fornecedor de BaaS. Isto abrange coisas como o armazenamento na nuvem, o alojamento, as notificações push para aplicações móveis, a gestão de bases de dados, a atualização remota e a autenticação do utilizador.

Pense na realização de um filme como uma analogia para compreender a BaaS. Para além de filmar e dirigir sequências, um realizador no cinema tradicional é responsável por várias tarefas nos bastidores, incluindo a coordenação de equipas de filmagem, iluminação, design de cenários, guarda-roupa e casting de actores. Mas e se existisse um serviço que tratasse de todas estas tarefas administrativas, libertando o realizador para se concentrar apenas na realização e filmagem das cenas? Esta ideia é semelhante à BaaS, na medida em que os programadores podem concentrar-se na criação da experiência de utilizador front-end enquanto o fornecedor trata das capacidades do lado do servidor.

Os kits de desenvolvimento de software (SDKs) e as interfaces de programação de aplicações (APIs) que o fornecedor de BaaS oferece permitem aos programadores incluir funcionalidades de backend nas suas aplicações. Sem terem de criar ou manter a infraestrutura de backend, os programadores podem aceder a uma variedade de serviços de backend com a ajuda destas tecnologias. Ao eliminar a necessidade de provisionar servidores, máquinas virtuais ou contentores, isto acelera o desenvolvimento de aplicações e reduz o tempo de colocação no mercado.

Os programadores podem acelerar a criação e o lançamento de projectos de software, como aplicações de página única, aplicações móveis e aplicações Web, utilizando o BaaS. A complexidade da infraestrutura de backend pode ser tratada pelo BaaS, libertando os programadores para se concentrarem no desenvolvimento de características únicas e experiências de utilizador cativantes que acabariam por melhorar o desempenho geral das aplicações.

A Google criou a conhecida plataforma de Backend-as-a-Service (BaaS) Firebase, que oferece uma gama completa de recursos e serviços para a criação e administração de aplicações web e móveis. A capacidade do Firebase para armazenar de forma segura os dados dos utilizadores numa base de dados baseada na nuvem que pode ser acedida e modificada através de APIs (Interfaces de Programação de Aplicações) é uma das suas principais vantagens. [19]

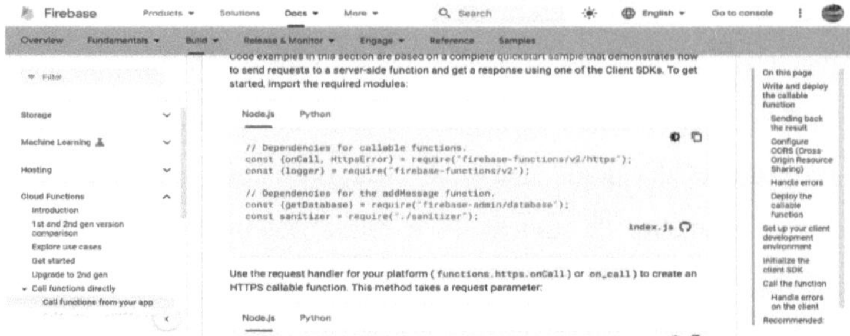

Figura 4.1 Interface do Firebase

Pode ver a sua interface na figura 4.1, que destaca a secção Docs da página Web do Firebase

Os desenvolvedores podem se beneficiar do Firebase Authentication, um serviço de autenticação integrado que suporta vários métodos de autenticação, como e-mail/senha, login social (por exemplo, Google, Facebook, Twitter), autenticação de número de telefone e muito mais, ao usar o Firebase como uma solução BaaS para armazenar informações do usuário. Depois de os utilizadores concluírem com êxito o processo de autenticação, os seus dados podem ser guardados em segurança nas bases de dados NoSQL na nuvem do Firebase, Firestore ou Realtime Database.

Os desenvolvedores podem se concentrar na criação de uma experiência de usuário impecável, acelerar o processo de desenvolvimento e evitar o gerenciamento da infraestrutura de back-end armazenando dados do usuário usando o Firebase como uma solução BaaS. O Firebase oferece serviços confiáveis de autenticação e banco de dados, permitindo que os desenvolvedores criem aplicativos ricos em recursos, dimensionáveis e seguros que satisfaçam as demandas dos clientes contemporâneos.

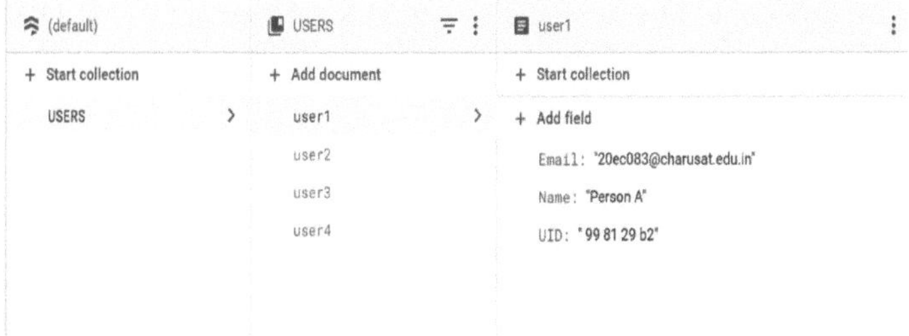

Figura 4.2 Lista de utilizadores

Como se pode ver na figura 4.2, introduzi um total de 4 utilizadores com os seus dados básicos como nome, UID e e-mails, que serão depois obtidos pelo microcontrolador utilizando a chave API deste projeto.

```
1
2    // Allow read/write access to all users under any conditions
3    // Warning: **NEVER** use this rule set in production; it allows
4    // anyone to overwrite your entire database.
5    service cloud.firestore {
6      match /databases/{database}/documents {
7        match /{document=**} {
8          allow read, write: if true;
9        }
10     }
11   }
```

Figura 4.3 Código para definir a privacidade

Para além disso, também pode modificar a segurança da sua base de dados, como mostra a figura 4.3, para saber quem pode aceder à mesma e quem não pode. No caso do meu projeto, mantive temporariamente a chave da API pública, mas, à medida que formos implementando este projeto no mundo real, teremos de a mudar para privada. [17]-[19]

5.   GUIÃO DE APLICAÇÕES

INTRODUÇÃO

A Google desenvolveu a plataforma de scripting conhecida como Google Apps Script para facilitar o desenvolvimento de aplicações leves dentro da rede do Google Workspace. O Apps Script foi inicialmente criado por Mike Harm como um esforço adicional enquanto trabalhava como programador no Google Sheets. Desde então, tornou-se numa ferramenta flexível para criar soluções únicas que se adequam aos requisitos das organizações.

O principal objetivo do Google Apps Script é capacitar as empresas, facilitando o desenvolvimento de ferramentas únicas que automatizam tarefas repetitivas e simplificam os procedimentos de gestão do sistema. Ao utilizar as capacidades do JavaScript, os programadores podem melhorar as funcionalidades dos programas do Google Workspace, como o Sheets, o Docs e o Forms, e integrá-los noutros serviços Google, como o Calendário, o Drive e o Gmail.

Os programadores podem utilizar o Google Apps Script para escrever scripts que podem automatizar fluxos de trabalho, manipular dados, integrar-se em APIs externas e produzir conteúdo dinâmico, entre muitas outras tarefas. Estes scripts podem ser executados de forma independente como aplicações Web disponíveis para utilizadores autorizados ou ser diretamente integrados em aplicações do Google Workspace.

A estratégia de suporte ao utilizador baseada na comunidade do Google Apps Script é uma das suas principais vantagens. Os programadores têm acesso a uma próspera comunidade de utilizadores e especialistas que oferece respostas a problemas comuns, conselhos e partilha de conhecimentos. Este ambiente cooperativo incentiva a criatividade e permite aos programadores tirar partido do conhecimento do grupo para ultrapassar desafios e atingir os seus objectivos.

Quando utilizado em conjunto com o Google Sheets, o Google Apps Script fornece uma plataforma poderosa para o desenvolvimento de soluções únicas e para a automatização de processos adequados aos requisitos específicos da empresa. O Apps Script permite aos utilizadores melhorar a funcionalidade das suas folhas de cálculo, automatizar actividades entediantes e acelerar o processamento de dados com a sua integração perfeita no Google Sheets.

Figura 5.1 Ícone do script das Apps e da folha de cálculo do Google

Um caso de utilização típico do Script de aplicações do Google Sheets é a automatização do processamento e introdução de dados. Por exemplo, os programadores podem criar scripts que efectuam cálculos, importam dados de fontes externas e actualizam automaticamente as folhas em resposta a horários ou accionadores predefinidos. Para além de poupar tempo, esta automatização reduz a possibilidade de erros que surgem com a introdução manual de dados.

Inicialmente, com a sua conta Google Drive, crie um novo documento do Google Sheets. Depois de gerar a folha de cálculo, é necessário editar o código no editor do Apps Script. Abra o Google Sheets e escolha "Extensions" -> "Apps Script" no menu[17].

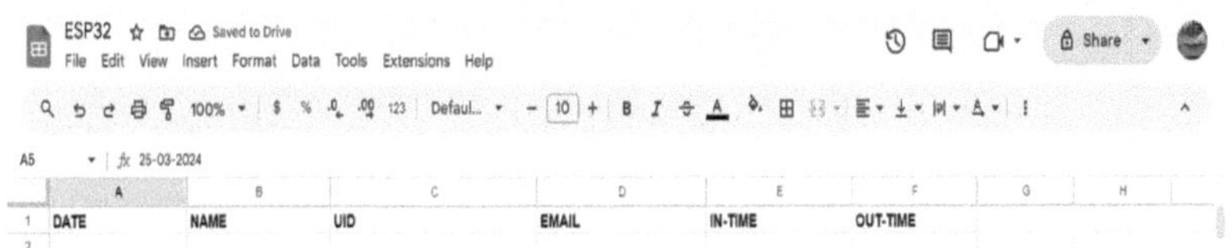

Figura 5.2 Interface da folha de cálculo do Google

Com a ajuda da figura 5.2, pode navegar facilmente para o script de aplicações onde pode efetuar outras alterações. O objetivo deste script é adicionar dados a uma folha de cálculo do Google Sheets e gerir pedidos HTTP POST. O método `appendData()` é chamado para adicionar os dados à última linha da folha de cálculo, depois de a função `doPost()` analisar os dados JSON recebidos do pedido POST e extrair campos específicos como UserName, uid, email, slotBookTime e slotUnbookTime. Depois de recuperar a folha de cálculo ativa e formatar a data atual, a função `appendData()` adiciona uma nova linha à folha de cálculo com os dados fornecidos. Por fim, a adição bem-sucedida de dados é mostrada pela resposta de sucesso que o método `doPost()` fornece. Depois de o abrir, encontrará esta interface

Figura 5.3 Código do script das aplicações

A figura 5.3 acima apresenta um instantâneo do código para anexar os dados do esp32 às folhas do Google através da API.

O script criará um URL depois de ser implementado como uma aplicação Web, que pode ser utilizado para enviar pedidos HTTP POST para adicionar mais dados à página do Google Sheets. Pode fornecer dados ao script utilizando este URL e o formato de dados JSON fornecido, e o script adicionará os dados ao documento designado do Google Sheets. [10]

6. METODOLOGIA

6.1   DIAGRAMA DE BLOCO

A arquitetura deste sistema foi concebida para garantir a acessibilidade e a comodidade do utilizador, oferecendo simultaneamente uma forma simples e eficaz de gerir os lugares de estacionamento. O microcontrolador ESP32, conhecido pela sua adaptabilidade e eficiência em aplicações incorporadas, está no centro do sistema. A unidade central de processamento, ou ESP32, coordena as acções de várias peças de hardware e faz interface com serviços baseados na nuvem para tratar e armazenar dados.

Dois periféricos essenciais estão ligados ao microcontrolador ESP32: um ecrã LCD 16x2 e um leitor RFID. No sistema de estacionamento, o leitor RFID serve como principal método de identificação e autenticação do utilizador. O leitor fala com o ESP32 para verificar as credenciais do utilizador e determinar os seus privilégios de acesso quando o utilizador mostra o seu cartão RFID. Ao mesmo tempo que preserva a integridade do sistema, esta interação suave garante aos utilizadores autorizados um acesso rápido e seguro aos lugares de estacionamento.

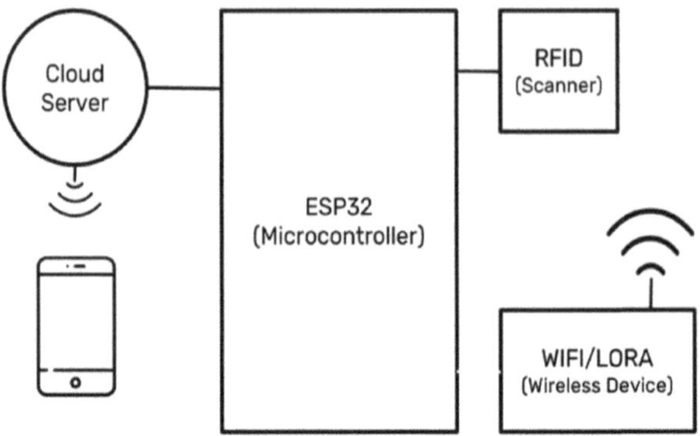

Figura 6.1 Diagrama de blocos

A solução utiliza o Firebase da Google, uma potente tecnologia de backend baseada na nuvem, para simplificar a gestão dos utilizadores e o armazenamento de dados. A atribuição de lugares de estacionamento, os dados de início de sessão dos utilizadores e outros dados relevantes são armazenados centralmente no Firebase. A solução garante o tratamento seguro e eficaz dos dados dos utilizadores, permitindo simultaneamente uma integração harmoniosa com aplicações baseadas na Web, utilizando os procedimentos de autenticação fortes do Firebase e as funcionalidades da base de dados em tempo real.

O sistema monitoriza a atribuição de lugares de estacionamento e actualiza os dados dos utilizadores utilizando o Google Sheets como opção adicional de armazenamento de dados, para além do Firebase. Para monitorizar e gerir em tempo real a utilização dos lugares de estacionamento, os administradores podem utilizar a interface reconhecível e de fácil utilização do Google Sheets. Através da utilização das ferramentas de visualização de dados e de colaboração do Google Sheets, os administradores podem tomar decisões bem informadas para otimizar a atribuição de recursos e adquirir conhecimentos significativos sobre os padrões de utilização dos lugares de estacionamento.

O ESP32 é usado pelo sistema como um servidor web para hospedar uma página web que dá aos usuários uma maneira fácil de monitorar a alocação de vagas em tempo real. Este site funciona como um local central onde os utilizadores podem verificar a disponibilidade de lugares de estacionamento, ver os lugares que lhes foram atribuídos e obter informações pertinentes sobre o sistema de estacionamento. Através da utilização de tecnologias HTML/CSS e das capacidades Wi-Fi integradas do ESP32, o sistema fornece uma interface de fácil navegação que é acessível a partir de qualquer dispositivo com acesso à web.

Utilizando as capacidades do microcontrolador ESP32 e combinando com serviços na nuvem como o Firebase e o Google Sheets, o sistema fornece um método de gestão de estacionamento centrado no utilizador, escalável e eficaz.

6.2   DIAGRAMA DO CIRCUITO

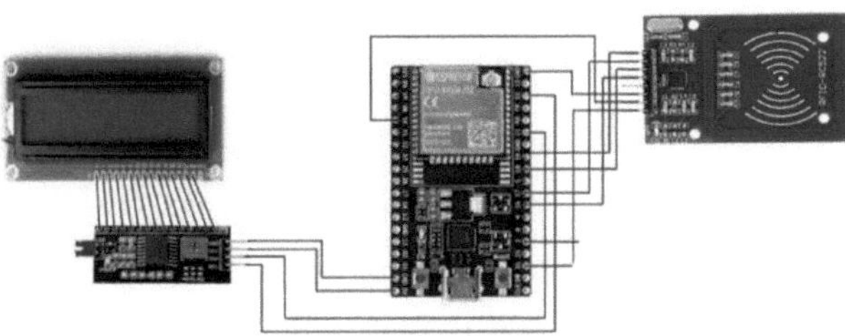

Figura 6.2 Diagrama do circuito

A figura 6.2 mostra o diagrama do circuito do nosso projeto, no qual
cada dispositivo é ligado com a ajuda de fios de ligação. Para uma
melhor compreensão, podemos também recorrer a uma placa de ensaio
que facilita o manuseamento. Certifique-se de que não há ligações
perdidas e verifique cada componente individualmente para detetar
qualquer falha. O Esp32 necessita de uma fonte de alimentação de 5 V,
que pode ser fornecida por um banco de potência ou por um
computador portátil através de um cabo USB

6.3   GRÁFICO DE FLUXO

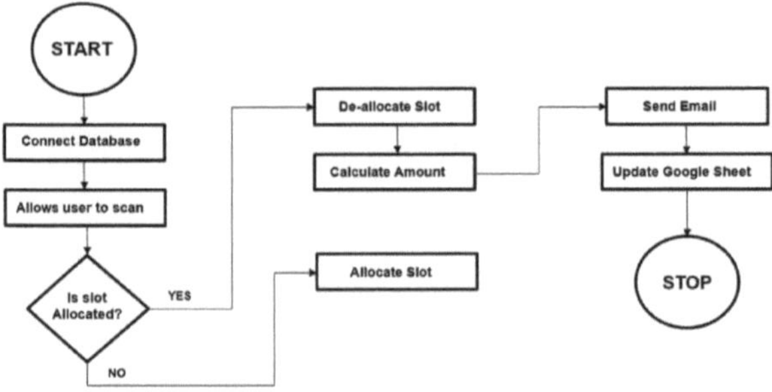

Figura 6.3 Fluxograma

A figura 6.3 acima mostra uma compreensão clara do fluxo de trabalho
do nosso projeto, como cada componente está interligado e depende da
entrada anterior, como um ciclo de feedback. O microcontrolador
ESP32 arranca e inicializa todos os componentes antes do início do
projeto. Para aceder à Internet, é necessário ligar o ecrã LCD, o leitor
RFID e a ligação à rede WiFi. Após a ligação, o ESP32 utiliza uma API
para recuperar os dados do utilizador que foram armazenados na base

de dados Firebase. Normalmente, estes dados consistem em credenciais de utilizador como o nome, o endereço de correio eletrónico e o UID.

O utilizador é convidado a utilizar o leitor RFID para digitalizar o seu cartão depois de o sistema ter recuperado com sucesso a sua informação. Em seguida, o microcontrolador verifica se o utilizador está atribuído ao lugar de estacionamento. O sistema atribui o lugar ao utilizador se este ainda não estiver ocupado. Por outro lado, se o lugar já tiver sido reservado, o sistema anula a sua atribuição, calcula o tempo de utilização e determina o montante a pagar, com base em directrizes de preços pré-estabelecidas.

O utilizador recebe uma notificação por correio eletrónico do sistema depois de a sua vaga ter sido desocupada, juntamente com o montante que tem de ser pago. O sistema também actualiza uma folha de cálculo do Google com as informações do utilizador, que incluem o seu UID, endereço de correio eletrónico, horas de entrada e saída e nome.

7. RESULTADOS DOS ENSAIOS E DISCUSSÃO

SAÍDA

De acordo com as nossas conversas anteriores, a implementação do hardware do nosso projeto é a prova de uma preparação e execução cuidadosas. Cada elemento foi cuidadosamente colocado e ligado para garantir um bom funcionamento. A solução funciona como planeado, fornecendo informações precisas sobre as faixas horárias em tempo real e actualizando rapidamente as folhas Google atribuídas. Esta integração de componentes de hardware não só mostra que o nosso Sistema de Estacionamento Inteligente IoT é viável, como também destaca a sua fiabilidade e eficácia no fornecimento de dados precisos para uma gestão eficiente do estacionamento."

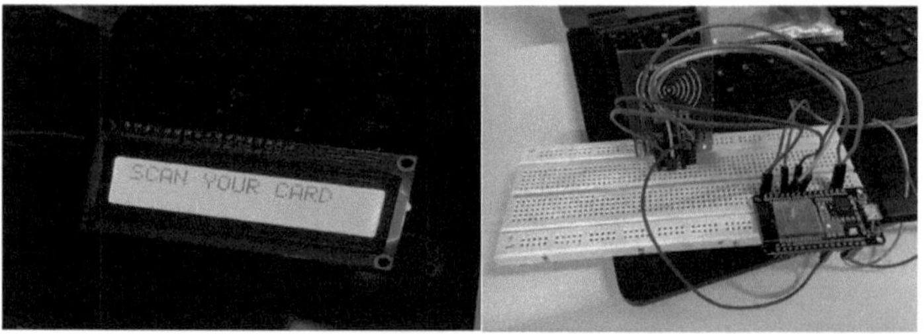

Figura 7.1 Resultados do projeto

Como se pode ver na figura 7.1, depois de digitalizar o cartão e mostrar a ranhura, o sistema adiciona automaticamente os dados pertinentes do utilizador à folha de cálculo apropriada quando o utilizador sai do lugar de estacionamento. O nome do utilizador, o endereço de email, as horas de check-in e check-out, e o identificador único (UID) estão entre os detalhes cruciais contidos nestes dados. Cada ação do utilizador é capturada e armazenada de forma fiável em tempo real pelo sistema, o que garante uma sincronização suave entre a folha de cálculo e o sistema de gestão de estacionamento.

O proprietário do sistema é livre de alterar os tipos de informação do utilizador que são mantidos na folha de cálculo com base nas suas próprias necessidades e desejos. Com a ajuda desta função de modificação, o proprietário pode modificar o sistema para se adequar às necessidades particulares do seu parque de estacionamento ou plano de negócios. Para uma melhor autenticação e segurança, por exemplo, o proprietário pode optar por incluir mais dados, como o número da matrícula do utilizador.

Além disso, o proprietário pode facilmente gerir e ajustar as definições de armazenamento dos detalhes do utilizador graças à interface de fácil utilização do sistema. A fim de proporcionar flexibilidade e adaptabilidade no tratamento das informações do utilizador, o proprietário pode simplesmente definir quais os campos de dados a capturar e armazenar na folha de cálculo através de controlos administrativos, como se pode ver na figura 7.2 abaixo.

DATE	NAME	UID	EMAIL	IN-TIME	OUT-TIME
25-03-2024	Person C	fa 03 ff 29	kartiksumala21@gmail.com	21:58:38	21:58:52
25-03-2024	Person D	51 d8 f3 59	20ec083@charusat.edu.in	22:00:19	22:00:59
25-03-2024	Person B	f9 5c 93 c2	kartiksumala21@gmail.com	22:00:07	22:01:16
25-03-2024	Person C	99 81 29 b2	kartiksumala21@gmail.com	21:59:57	22:01:26
25-03-2024	Person A	99 81 29 b2	20ec083@charusat.edu.in	21:59:47	22:01:39
26-03-2024	Person B	f9 5c 93 c2	kartiksumala21@gmail.com	16:42:13	16:42:28
26-03-2024	Person A	99 81 29 b2	20ec083@charusat.edu.in	16:47:09	16:47:36

Figura 7.2 Registo de dados em folha de cálculo

Utilizando o endereço de e-mail fornecido durante o registo, o sistema cria e envia automaticamente uma notificação por e-mail para o utilizador individual quando este sai do lugar de estacionamento. Este e-mail inclui toda a informação sobre a sessão de estacionamento do utilizador que foi personalizada de acordo com as preferências e requisitos do proprietário do sistema.

 O proprietário tem controlo total sobre o conteúdo da notificação por email, escolhendo os detalhes a publicar com base nas preferências de comunicação do utilizador e nos requisitos operacionais. Os dados frequentemente fornecidos podem incluir o UID do utilizador, a duração da sua sessão de estacionamento, e a taxa de estacionamento associada que é determinada pelo tempo decorrido.

Além disso, o proprietário pode incluir um link de pagamento diretamente na mensagem de e-mail para que os consumidores possam facilmente pagar as suas taxas de estacionamento com apenas um clique. Os utilizadores podem usar o seu método de pagamento preferido, como um cartão de crédito ou débito, carteira móvel ou net banking, para concluir a transação clicando neste link de pagamento, que os leva a um site seguro de pagamento online.

Figura 7.3 Captura de ecrã da funcionalidade Auto-Email

O sistema oferece a opção de integrar um sistema de débito automático semelhante ao sistema Fastag usado para pagamentos de portagens, para além do processamento manual de pagamentos. Ao utilizar esta função, os clientes podem dar permissão ao sistema para debitar automaticamente a taxa de estacionamento do método de pagamento que escolheram, poupando-lhes tempo e esforço ao simplificar o processo de pagamento e aumentando a conveniência e a eficiência. [27]

CENÁRIO DE TESTE

Cenário 1: Vários carros chegam e saem rapidamente do parque de estacionamento.

Em condições normais de funcionamento, há um fluxo constante de carros que entram e saem do espaço de estacionamento. Este cenário imita uma ocorrência típica em que vários carros chegam ao parque de estacionamento ao mesmo tempo, seleccionam um lugar e partem depois de realizarem as suas tarefas ou actividades individuais. O objetivo do cenário é avaliar a capacidade do sistema de estacionamento inteligente IoT para gerir variações dinâmicas na ocupação de lugares de estacionamento em tempo real.

Discussão: Após o processamento rápido destes dados, o sistema actualiza o estado dos lugares de estacionamento de forma a reflectir adequadamente o seu estado de ocupação. Da mesma forma, assim que um carro deixa a propriedade, o RFID identifica-o e o sistema actualiza instantaneamente os lugares de estacionamento disponíveis.

Cenário 2: Um problema de manutenção ou outra condição única requer que um administrador modifique manualmente o estado de um lugar de estacionamento no sistema.

Um administrador pode precisar de alterar manualmente o estado de um lugar de estacionamento no sistema em circunstâncias específicas, tais como operações de manutenção, reservas de estacionamento VIP ou cenários de emergência. Este cenário simula uma situação em que um administrador do sistema com permissão obtém acesso para substituir temporariamente os dados de rfid, actualizando os dados de disponibilidade de estacionamento no Google Sheets integrado.

Discussão: O administrador autorizado pode alterar os dados dos utilizadores individuais do parque de estacionamento, se necessário, iniciando sessão no portal de administração. A integração das folhas de cálculo do Google está facilmente integrada no sistema.

Cenário 3: Um utilizador tenta tirar partido do sistema digitalizando o seu cartão RFID mais uma vez depois de iniciar sessão com a intenção de utilizar o parque de estacionamento gratuitamente.

Por vezes, as pessoas tentam contornar o pagamento dos custos de estacionamento tirando partido de falhas no sistema, incluindo a leitura repetida do seu cartão RFID. Isto simula um cenário em que um utilizador tenta digitalizar novamente o seu cartão para evitar pagar e prolongar o seu tempo de estacionamento sem autorização, depois de ter entrado previamente no sistema ao fazê-lo.

Discussão: Quando o utilizador volta a iniciar sessão, o sistema detecta uma segunda leitura do cartão RFID, o que desencadeia um mecanismo de prevenção de abusos. O cartão RFID do utilizador é temporariamente bloqueado durante um determinado período de tempo pelo sistema, que identifica instantaneamente a leitura duplicada e o torna inativo para utilização durante esse período.

8. CONCLUSÃO

Em conclusão, a integração da tecnologia de identificação por radiofrequência (RFID) com os microcontroladores ESP32 trouxe uma nova era de sistemas de estacionamento inteligente, fornecendo respostas criativas para os problemas de congestionamento e ineficiência do estacionamento urbano. Os sistemas de estacionamento inteligente revolucionaram as técnicas tradicionais de gestão de estacionamento, integrando na perfeição estas tecnologias de ponta para fornecer uma solução abrangente que melhora a experiência do utilizador, a escalabilidade e a eficiência.

Um importante ponto de viragem no desenvolvimento de soluções de mobilidade urbana foi alcançado com a implementação de sistemas de estacionamento inteligentes. Estes sistemas possibilitam a fácil identificação de carros, o controlo de acesso e a monitorização em tempo real da disponibilidade de lugares de estacionamento, utilizando a tecnologia RFID. Como unidades centrais de processamento, os microcontroladores ESP32 permitem o processamento de dados em tempo real, a conetividade e a otimização do sistema.

A capacidade dos sistemas de estacionamento inteligente para maximizar a utilização dos lugares de estacionamento em tempo real reduz o congestionamento do tráfego, diminui o tempo gasto na procura de estacionamento e melhora a mobilidade urbana em geral. Este é um dos principais benefícios dos sistemas. Estes sistemas também melhoram a experiência e a conveniência do utilizador, fornecendo mecanismos de controlo de acesso sem contacto, transmissão de informações de estacionamento em tempo real e atribuição eficiente de lugares de estacionamento.

Apesar de todas as suas vantagens, os sistemas de estacionamento inteligentes têm alguns inconvenientes. Para garantir o máximo desempenho e fiabilidade, problemas como a complexidade do sistema, a cobertura RFID restrita, possíveis interferências e vulnerabilidades de segurança exigem manutenção e melhorias constantes. No entanto, muitas destas dificuldades podem ser abordadas e resolvidas com investigação contínua e desenvolvimentos tecnológicos.

O futuro dos sistemas de estacionamento inteligente parece muito promissor. Prevê-se que mais melhorias nos recursos de segurança, integração de análises avançadas, compatibilidade suave com ecossistemas de cidades inteligentes e maior integração da IoT elevem a eficácia e a eficiência desses sistemas a níveis sem precedentes. Além disso, a investigação sobre a integração de veículos sem condutor, os projectos ambientais e as iniciativas de escalabilidade a nível mundial continuarão a influenciar o desenvolvimento dos sistemas de estacionamento inteligente nos próximos anos. [1]-[30]

9. ÂMBITO DE APLICAÇÃO FUTURA

• Características de segurança melhoradas: A melhoria das características de segurança é uma área em que os sistemas de estacionamento inteligente serão desenvolvidos no futuro. Podem ser utilizados métodos de encriptação sofisticados para garantir a integridade e a confidencialidade dos dados durante a transmissão entre as etiquetas RFID, os microcontroladores ESP32 e os servidores centrais.

• Integração com análises sofisticadas: Para extrair informações úteis dos dados de estacionamento, as futuras versões dos sistemas de estacionamento inteligente podem fazer uso de recursos analíticos sofisticados. Para prever a procura futura, atribuir espaços de estacionamento de forma optimizada e detetar tendências que possam ajudar a orientar as decisões de planeamento urbano, os algoritmos de aprendizagem automática podem examinar os comportamentos de estacionamento anteriores.

• Integração contínua com ecossistemas de cidades inteligentes: Para proporcionar comunicação e interoperabilidade contínuas com outras infra-estruturas urbanas, os sistemas de estacionamento inteligente podem ser integrados em ecossistemas de cidades inteligentes mais amplos. Esta interface pode melhorar os projectos de controlo de tráfego em toda a cidade, coordenar com os sistemas de transportes públicos e facilitar o encaminhamento dinâmico dos automóveis.

- **Extensão da integração da IoT:** Aumentar a integração dos sistemas de estacionamento inteligente com a Internet das Coisas (IoT) é essencial para o seu futuro. Os sistemas de estacionamento inteligente podem obter informações mais completas sobre os transportes urbanos e as condições ambientais através da integração de dispositivos IoT adicionais, como câmaras de trânsito, estações de monitorização meteorológica e sensores ambientais.

- **Criação de aplicações centradas no utilizador:** Para melhorar a experiência de estacionamento dos condutores, os futuros sistemas de estacionamento inteligente podem dar prioridade à criação de aplicações centradas no utilizador. A conveniência e o tempo poupado na procura de estacionamento podem ser aumentados através da utilização de aplicações móveis com interfaces de fácil utilização que ofereçam actualizações da disponibilidade de estacionamento em tempo real, opções de pagamento sem problemas e apoio à navegação para lugares de estacionamento vazios.

- **Investigação da integração de veículos sem condutor:** À medida que os veículos sem condutor se tornam mais comuns, existe a possibilidade de os sistemas de estacionamento inteligente e a tecnologia dos veículos autónomos se fundirem. Os carros autónomos poderão ser capazes de encontrar e navegar para lugares de estacionamento abertos em parques de estacionamento inteligentes mais rapidamente graças às tecnologias de estacionamento automatizado, o que maximizaria a utilização do estacionamento e facilitaria o tráfego.

- **Iniciativas de sustentabilidade:** Em ambientes urbanos, os sistemas de estacionamento inteligente podem ajudar a promover iniciativas de sustentabilidade. Para diminuir a dependência das fontes de energia convencionais e reduzir o efeito ambiental, os avanços futuros podem concentrar-se na integração de fontes de energia renováveis, como os painéis solares, para alimentar os leitores RFID e os módulos ESP32.

• Escalabilidade e acessibilidade a nível mundial: É importante envidar esforços para garantir a escalabilidade e acessibilidade a nível mundial à medida que os sistemas de estacionamento inteligente se forem desenvolvendo. A normalização da tecnologia RFID e dos protocolos de comunicação pode permitir uma mobilidade sem problemas para os veículos em diversos contextos urbanos, o que pode promover a interoperabilidade entre vários sistemas de estacionamento inteligente implantados em várias cidades e regiões.

• Análise em tempo real: As informações sobre o uso do estacionamento, incluindo o número de vagas disponíveis, o tempo gasto para estacionar e a frequência de uso, podem ser coletadas em tempo real usando o módulo RFID e ESP32. Os gestores de estacionamento podem otimizar a utilização dos lugares de estacionamento, reduzir as despesas operacionais e aumentar a produção de receitas, analisando estes dados para obter informações sobre o comportamento e as tendências do estacionamento.

• Integração com aplicações móveis: Os utilizadores podem reservar lugares de estacionamento, pagar por eles e receber alertas quando os lugares ficam disponíveis, integrando o sistema de estacionamento inteligente com uma aplicação móvel. Para ajudar os utilizadores a tomar decisões de estacionamento bem informadas, a aplicação móvel também pode oferecer actualizações de trânsito em tempo real, possibilidades de estacionamento alternativo e outras informações pertinentes.

• Algoritmos de aprendizado de máquina: Ao utilizar os dados recolhidos pelo módulo RFID e ESP32, os algoritmos de aprendizagem automática podem ser utilizados para antecipar as tendências de utilização do estacionamento, atribuir espaços de estacionamento de forma optimizada e detetar possíveis problemas como infracções de estacionamento ou necessidades de manutenção. Além disso, as técnicas de aprendizagem automática podem ser utilizadas para diminuir o tempo necessário para detetar e autenticar etiquetas RFID, aumentando assim a precisão e a eficiência do sistema RFID.

• Tecnologia de cadeia de blocos: Ao eliminar a necessidade de intermediários como operadores de estacionamento ou processadores de pagamento, a tecnologia de cadeia de blocos pode ser usada para construir um sistema de gestão de estacionamento seguro e descentralizado. A tecnologia de cadeia de blocos também pode ser usada para evitar transações fraudulentas e disputas, bem como para garantir a responsabilidade, transparência e justiça no sistema de estacionamento.

• Estações de Carregamento de Veículos Eléctricos (VE): Uma forma fácil e eficaz de carregar veículos eléctricos é adicionar estações de carregamento de VE ao sistema de estacionamento inteligente existente. Os pagamentos, a monitorização do estado de carregamento e a autenticação e autorização para o carregamento de VE podem ser efectuados utilizando o módulo RFID e ESP32.

REFRÊNCIAS

[1] Nevon Projects. Disponível em: https://nevonprojects.com/iot-smart-parking-using-rfid-with-android-app/

[2] "Sistema de estacionamento inteligente de veículos baseado na IoT utilizando RFID. (2022)". Revista Internacional de Investigação em Engenharia e Ciência (IJRES). Disponível: https://www.ijres.org/papers/Volume-10/Issue-6/100616681671.pdf

[3] Shanmuk, T. (n.d.). "Sistema de estacionamento inteligente". Scribd. https://www.scribd.com/presentation/534119032/Smart-parking-system

[4] SISTEMA DE ESTACIONAMENTO AUTOMÁTICO DE AUTOMÓVEIS COM RFID. (n.d.). Research Gate. https://www.researchgate.net/publication/357910508_AUTOMATIC_CAR_PARKING_SYSTEM_USING_RFID

[5] EUA (2019, 9 de dezembro). Arduino IDE + NodeMCU V3 + MySQL + PHP | NodeMCU V3 com RFID RC522 usa banco de dados MySQL e PHP. YouTube. https://www.youtube.com/watch?v=X4KtW0hDx_Q

[6] T. (2019, 25 de abril). *Projeto Arduino com Rfid e banco de dados mysql*". YouTube. https://www.youtube.com/watch?v=C2sjphVHu60

[7] Fahim, Abrar, Mehedi Hasan e Muhtasim Alam Chowdhury. "Smart

parking systems: comprehensive review based on various aspects"; Heliyon 7, no. 5 (2021).

[8] Tsiropoulou, Eirini Eleni, John S. Baras, Symeon Papavassiliou e Surbhit
Sinha. "Sistema de gestão de estacionamento inteligente baseado em RFID" Cyber-Physical Systems 3, no. 1-4 (2017): 22-41.

[9] Sofian, Mohd Alif Mohd, e Lili Azwani Tiron. "Sistema de estacionamento online usando ESP32." Jornal de Tecnologia de Engenharia 10, no. 1 (2022): 136-142.

[10] Pathak, N. G., Nikhil Satish Sonawane, Nikhil Dinkar Pawar, Bhavesh Vijay Shinde e Krushna Kalidas Bhagde. SÍTIO WEB "PARKPRIME (UM SISTEMA DE RESERVA DE ESTACIONAMENTO EM LINHA)".

[11] Geng, Yanfeng, e Christos G. Cassandras. "Uma nova infraestrutura e implementação do sistema de "estacionamento inteligente"." *Procedia-Social and Behavioral Sciences* 54 (2012): 1278-1287.

[12] Alzahrani, Ali. "Sistema colaborativo de gestão de estacionamento inteligente". *Revista Internacional de Ciência da Computação e Segurança da Informação (IJCSIS)* 14, no. 12 (2016).

[13] Aditya, Amara, Shahina Anwarul, Rohit Tanwar e Sri Krishna Vamsi Koneru. "Um sistema de estacionamento inteligente assistido por IoT (IPS) para cidades inteligentes." *Procedia Computer Science*

218 (2023): 1045-1054.

[14] Trivedi, Janak, Mandalapu Sarada Devi e Dave Dhara. "Canny edge detection based real-time intelligent parking management system." *Zeszyty Naukowe. Transport/Politechnika Śląska* (2020).

[15] Zhang, Zusheng, Xiaoyun Li, Huaqiang Yuan e Fengqi Yu. "Um sistema de estacionamento de rua usando redes de sensores sem fio". *International Journal of Distributed Sensor Networks* 9, no. 6 (2013): 107975.

[16] DEMİR, Abdullah, e Ö. Z. Ali. "Examinando o efeito das condições climáticas nas variáveis de estacionamento na rua". *Journal of Architectural Sciences and Applications* 8, no. 1 (2023): 406-421.

[17] Said, Adel Mounir, Ahmed E. Kamal e Hossam Afifi. "Um sistema inteligente de compartilhamento de estacionamento para cidades verdes e inteligentes com base na IoT." *Comunicações por computador* 172 (2021): 10-18.

[18] Atif, Yacine, Jianguo Ding e Manfred A. Jeusfeld. "Abordagem da Internet das coisas para estacionamento inteligente baseado em nuvem". *Procedia Computer Science* 98 (2016): 193-198.

[19] Ji, Zhanlin, Ivan Ganchev, Máirtín O'Droma, Li Zhao e Xueji Zhang. "Um middleware de estacionamento baseado na nuvem para cidades inteligentes baseadas na IoT: Design and implementation." *Sensors* 14, no. 12 (2014): 22372-22393.

[20] Bilodeau, Victor P. "Intelligent parkîng technology adoption". (2010).

[21] Ali, Javed, e Mohammad Faisal Khan. "Uma alocação segura de estacionamento baseada em confiança para cidades inteligentes sustentáveis habilitadas para IoT". *Sustentabilidade* 15, no. 8 (2023): 6916.

[22] Nag, Anindya, Gulfishan Mobin, Anwesha Kar, Ayontika Das e Soubhik Kar. "Uma aplicação simples: Sistema de rastreamento de veículos baseado em nuvem". *Journal of Information Assurance & Security* 18, no. 3 (2023).

[23] Hariharan, V., D. Sathya Srinivas, Sarika Jain e S. Geetha. "SISTEMA DE ESTACIONAMENTO INTELIGENTE BASEADO EM IOT".

[24] Elfaki, Abdelrahman Osman, Wassim Messoudi, Anas Bushnag, Shakour Abuzneid e Tareq Alhmiedat. "Um sistema inteligente de controlo e monitorização de estacionamento em tempo real". *Sensors* 23, no. 24 (2023): 9741.

[25] HAYATI, EUIS NENI, TAUFAN ISMAIL MIHRAB, FADLAN ALFAREZH, DIDA PRAMBUDI HARTONO e BOBI KURNIAWAN. "PROJECTO DE PROTÓTIPO PARA UM SISTEMA DE INFORMAÇÃO DE ESTACIONAMENTO BASEADO EM MICROCONTROLADORES". *Journal of Engineering Science and Technology* 19, no. 1 (2024): 126-132.

[26] Thakre, Mohan P., Payal S. Borse, Nishant P. Matale e Padmini Sharma. "Sistema de estacionamento inteligente de veículos baseado em IOT usando RFID." Em *2021 Conferência Internacional sobre*

Comunicação por Computador e Informática (ICCCI), pp. 1-5. IEEE, 2021.

[27] Aravind, R. S. V. S., P. Devi, T. Sharanmai, T. Chandrika e V. Renuka. "; Estacionamento inteligente de veículos baseado em IoT e sistema de faturamento automático usando RFID." J. Eng. Sci.14, no. 4 (2023): 1-13.

[28] Fernandez, Sandhy, Yetman Erwadi e Faisal Erlangga. "Análise de modelo de sistema de estacionamento inteligente com NodeMCU e RFID baseado em IoT." JUITA: Jurnal Informatika 11, no. 1 (2023): 145-153.

[29] Mohanta, Gayatri. "Desenvolvimento de um sistema de estacionamento autorizado". Journal of Advancement in Communication System 5, no. 3 (2023): 26-32.

[30] Likhitha, K., K. Srilatha, G. Saida Babu e G. Vaishnavi. "; Sistema de estacionamento inteligente de veículos baseado em IoT usando RFID."; (2024).

I want morebooks!

Buy your books fast and straightforward online - at one of world's fastest growing online book stores! Environmentally sound due to Print-on-Demand technologies.

Buy your books online at
www.morebooks.shop

Compre os seus livros mais rápido e diretamente na internet, em uma das livrarias on-line com o maior crescimento no mundo! Produção que protege o meio ambiente através das tecnologias de impressão sob demanda.

Compre os seus livros on-line em
www.morebooks.shop

MIX
Papier aus verantwortungsvollen Quellen
Paper from responsible sources
FSC® C105338

FSC
www.fsc.org

Printed by Books on Demand GmbH, Norderstedt / Germany